Desbloquea tu estrés

CORTISOL
ENFRENTA CON INTELIGENCIA
SITUACIONES DESAFIANTES

Desbloquea tu estrés

CORTISOL
ENFRENTA CON INTELIGENCIA
SITUACIONES DESAFIANTES

PAIDÓS

© 2025, Estudio PE S. A. C.

Desarrollo editorial: Anónima Content Studio
Coordinación editorial: Daniela Alcalde
Cuidado de la edición: Carlos Ramos y Daniela Alcalde
Redacción e investigación: María José Fermi y Micaela Arizola
Revisión científica: Laia Alonso
Diseño de portada: Lyda Naussán
Diseño de interior e infografías: Gian Saldarriaga
Fotografías: Lummi

Derechos reservados

© 2025, Ediciones Culturales Paidós, S.A. de C.V.
Bajo el sello editorial PAIDÓS M.R.
Avenida Presidente Masarik núm. 111,
Piso 2, Polanco V Sección, Miguel Hidalgo
C.P. 11560, Ciudad de México
www.planetadelibros.com.mx
www.paidos.com.mx

Primera edición impresa en México: abril de 2025
ISBN: 978-607-569-943-1

No se permite la reproducción total o parcial de este libro ni su incorporación a un sistema informático, ni su transmisión en cualquier forma o por cualquier medio, sea este electrónico, mecánico, por fotocopia, por grabación u otros métodos, sin el permiso previo y por escrito de los titulares del *copyright*.

Queda expresamente prohibida la utilización o reproducción de este libro o de cualquiera de sus partes con el propósito de entrenar o alimentar sistemas o tecnologías de Inteligencia Artificial (IA).

La infracción de los derechos mencionados puede ser constitutiva de delito contra la propiedad intelectual (Arts. 229 y siguientes de la Ley Federal del Derecho de Autor y Arts. 424 y siguientes del Código Penal Federal).

Si necesita fotocopiar o escanear algún fragmento de esta obra diríjase al CeMPro (Centro Mexicano de Protección y Fomento de los Derechos de Autor, http://www.cempro.org.mx).

Impreso en los talleres de Litográfica Ingramex, S.A. de C.V.
Centeno núm. 162-1, colonia Granjas Esmeralda, Ciudad de México
Impreso y hecho en México – *Printed and made in Mexico*

8
INTRODUCCIÓN
La química corporal

Las emociones en el cuerpo	**12**
El sistema endocrino y el control de nuestro organismo	**14**
El sistema nervioso: el descifrador de estímulos	**19**
Los neurotransmisores: conexiones esenciales	**21**
Las feromonas: aliadas sutiles	**24**
Otras alianzas estratégicas	**26**
Las hormonas: emisarias eficientes	**28**
El desorden de los trastornos hormonales	**32**
La felicidad explicada de forma orgánica	**34**

36
CAPÍTULO 1
Cortisol: la hormona del estrés

¿Qué es el cortisol? **38**

El cortisol en nuestro cuerpo **44**

Efectos en el cuerpo humano **48**

Un caso para analizar **50**

Tu especialista de cabecera dice **52**

56
CAPÍTULO 2
Nuestro mecanismo de defensa

¿Cuándo liberamos cortisol? **58**

Relaciones químicas **63**

Activar la alarma **66**

Un caso para analizar **68**

Tu especialista de cabecera dice **70**

74
CAPÍTULO 3
Cuando las alertas se disparan

El estrés y sus riesgos **76**

Cuando se alcanzan picos **80**

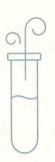

Test: ¿Cortisol
en equilibrio? **83**

Un caso
para analizar **88**

Tu especialista
de cabecera dice **90**

Test: Experto
en cortisol **110**

Tu especialista
de cabecera dice **116**

94
CAPÍTULO 4
Equilibrio y bienestar

Cortisol
en balance **96**

La clave está
en la gestión **99**

Cómo mantener
a raya el cortisol **104**

120
COLOFÓN
Creer para crear

Doce pasos
hacia la química
de la felicidad **123**

Compromisos
para mi bienestar **136**

Acciones para
mi equilibrio **138**

Los seres que
elevan los químicos
de mi felicidad **140**

Tu especialista
de cabecera dice **142**

LA
química

CORPORAL

Esta colección es un manual para descubrir la fisiología y la bioquímica que te llevarán al camino de la felicidad. Es también una invitación a un viaje que desvela la relación entre lo físico y lo emocional siguiendo la ruta de seis hormonas (oxitocina, dopamina, endorfinas, serotonina, testosterona y cortisol) y los neurotransmisores que tienen un papel fundamental en nuestras emociones y salud mental.

Para comenzar, en cada libro definiremos los principales conceptos sobre la química de la felicidad. Luego, se describirá cada una de las seis hormonas y se explicará cómo actúan y los efectos que producen en el cuerpo. Además, encontrarás ejemplos prácticos sobre cómo estimular las hormonas y los neurotransmisores para mantener el equilibrio entre ellos. Así podrás cambiar tus hábitos e incorporar nuevas prácticas para un estilo de vida más sano y, sobre todo, para convertirte en una versión tuya más feliz.

Las emociones en el cuerpo

Esperar los resultados de un proceso de selección de personal, sentir que el tiempo se detiene porque tu pareja no responde tu mensaje de WhatsApp o contar los días para emprender el viaje soñado con tus amigos son ejemplos de factores que probablemente te produzcan sentimientos de ansiedad y estrés. ¿Sabías que estas y otras respuestas emocionales se pueden manifestar en distintas partes de nuestro cuerpo? Partiendo de esta idea, un equipo de científicos finlandeses creó el mapa corporal de las emociones humanas.

Las emociones nos permiten adaptarnos a diversas situaciones, protegernos de amenazas y relacionarnos con otros seres.

En su estudio —realizado en 2013—, los participantes debían ubicar en qué parte del cuerpo sentían cada una de sus emociones. Tras este procedimiento, el grupo de investigadores descubrió que la emoción no solo modula la salud mental, sino que también genera respuestas concretas en ciertas zonas corporales, independientemente de la cultura a la que el individuo pertenezca. Estas reacciones son mecanismos biológicos que nos enseñan la conexión de la mente con el cuerpo. Cada emoción viene con su propia manifestación física.

Según este mapa, las dos emociones que generan respuestas más intensas, casi en todo el cuerpo, son la alegría y el amor. Por su parte, la depresión se percibe en el tórax, mientras que la ansiedad y la envidia se sienten en el pecho y la cabeza, respectivamente.

En ese sentido, el sistema endocrino es el encargado de traducir los estímulos y procesarlos en nuestro organismo. ¿Cómo? Mediante señales químicas que unas células, como las neuronas, transmiten a otras para influir en su comportamiento.

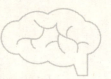

El sistema endocrino y el control de nuestro organismo

El sistema endocrino influye en casi todo el funcionamiento del cuerpo. Está compuesto por glándulas que producen hormonas, sustancias químicas que son liberadas directamente en nuestra sangre para que lleguen a las células, tejidos y órganos, de manera que ayuden a controlar el estado de ánimo, el crecimiento, el desarrollo, el metabolismo, la reproducción, el apetito y el sueño, entre otros. Las hormonas funcionan como mensajeros que comunican a las distintas partes de nuestro organismo la función que deben cumplir.

Las hormonas tienen un impacto directo en nuestra conducta.

LA QUÍMICA CORPORAL

Las hormonas pueden influir en nuestro apetito.

Este sistema determina qué cantidad de cada hormona se segrega en el torrente sanguíneo, lo cual depende del nivel de concentración de esta y otras sustancias. Algunos factores como el estrés, las infecciones y los cambios en el equilibrio de líquidos y minerales de la sangre también afectan las concentraciones hormonales.

DESBLOQUEA TU ESTRÉS: CORTISOL

LAS PRINCIPALES GLÁNDULAS ENDOCRINAS

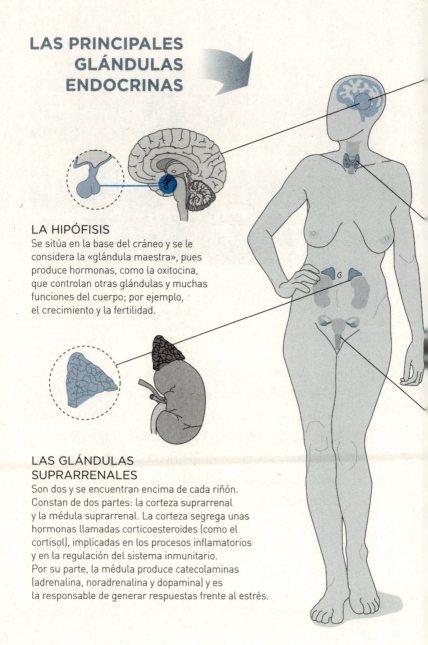

LA HIPÓFISIS
Se sitúa en la base del cráneo y se le considera la «glándula maestra», pues produce hormonas, como la oxitocina, que controlan otras glándulas y muchas funciones del cuerpo; por ejemplo, el crecimiento y la fertilidad.

LAS GLÁNDULAS SUPRARRENALES
Son dos y se encuentran encima de cada riñón. Constan de dos partes: la corteza suprarrenal y la médula suprarrenal. La corteza segrega unas hormonas llamadas corticoesteroides (como el cortisol), implicadas en los procesos inflamatorios y en la regulación del sistema inmunitario.
Por su parte, la médula produce catecolaminas (adrenalina, noradrenalina y dopamina) y es la responsable de generar respuestas frente al estrés.

LA QUÍMICA CORPORAL

EL HIPOTÁLAMO
Se encuentra en la parte central inferior del cerebro y recoge la información que este recibe, como la temperatura que nos rodea, el hambre, el sueño, las emociones, etc. Luego, la envía a la hipófisis, uniendo el sistema endocrino con el sistema nervioso. Esto nos mantiene en homeostasis.

LA GLÁNDULA PINEAL
Está ubicada en el centro del cerebro. Segrega melatonina, una hormona que regula el sueño.

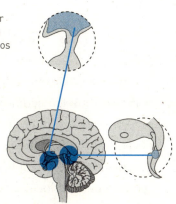

LA GLÁNDULA TIROIDEA
Se localiza en la parte baja y anterior del cuello. Produce las hormonas tiroideas tiroxina y triiodotironina, que controlan la velocidad con que las células queman el combustible de los alimentos para generar energía. Además, son importantes porque, cuando somos niños y adolescentes, ayudan a que nuestros huesos crezcan y se desarrollen.

LAS GLÁNDULAS PARATIROIDEAS
Son cuatro que están unidas a la glándula tiroidea y, conjuntamente, segregan la hormona paratiroidea, que regula la concentración de calcio en la sangre.

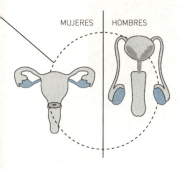

MUJERES | HOMBRES

LAS GLÁNDULAS REPRODUCTORAS
También llamadas gónadas, son las principales fuentes de las hormonas sexuales. En los hombres, las gónadas masculinas o testículos segregan un conjunto de hormonas llamadas andrógenos, entre las cuales la más importante es la testosterona. En las mujeres, las gónadas femeninas u ovarios producen óvulos y segregan las hormonas femeninas: el estrógeno y la progesterona.

17

Cabe resaltar que el sistema endocrino no es el único involucrado en el trabajo de las hormonas, ya que este se relaciona estrechamente con el sistema nervioso. Nuestro cerebro envía las instrucciones al sistema endocrino, el cual «alimenta» con sus respuestas al sistema nervioso, que recopila, procesa y guarda esta información. Estos sistemas forman una relación bidireccional clave para mantener el equilibrio de nuestro cuerpo.

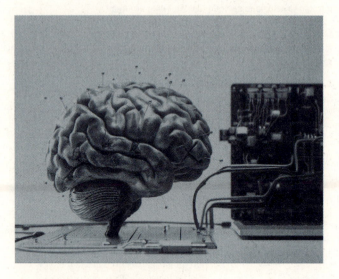

El cerebro es como el centro de operaciones de nuestro cuerpo. Envía las instrucciones para cada una de sus funciones.

LA QUÍMICA CORPORAL

El sistema nervioso: el descifrador de estímulos

El sistema nervioso es una red compleja de células especializadas, principalmente neuronas, que se encargan de coordinar y controlar las funciones de nuestro cuerpo. Se divide en dos partes principales:

- Sistema nervioso central (SNC): incluye el cerebro y la médula espinal. Es el centro de procesamiento y control, donde se reciben y analizan las señales del cuerpo y el entorno, y se toman decisiones para coordinar respuestas.

- Sistema nervioso periférico (SNP): está formado por nervios que conectan el SNC con el resto del cuerpo. Se subdivide en:

  - Sistema nervioso somático: controla las acciones voluntarias, como el movimiento de los músculos.

19

■ **Sistema nervioso autónomo:** regula funciones involuntarias, como la digestión y la respiración. Este, a su vez, está conformado por el sistema simpático, que activa la respuesta de lucha o huida ante situaciones de estrés, y el sistema parasimpático, que promueve el descanso y la digestión, facilitando la recuperación del cuerpo.

Asimismo, el sistema nervioso hace posible la comunicación entre el cuerpo y el cerebro, asegurando que las funciones vitales y las respuestas a estímulos externos se realicen de manera eficiente.

Como sabemos, todo en el cuerpo humano está entrelazado. No hay sistema u órgano que no esté relacionado con otros. Este también es el caso del sistema nervioso, como veremos a continuación.

LA QUÍMICA CORPORAL

Los neurotransmisores: conexiones esenciales

Son las sustancias químicas que envían información precisa de una neurona a otra. Ese intercambio que sucede en las neuronas de nuestro cerebro es esencial para poder sentir, pensar y actuar. Esta sinapsis o conexión que se establece entre neuronas próximas da como resultado la regulación de nuestro organismo.

Si bien los neurotransmisores y las hormonas comparten muchas características, no son lo mismo. Una de las grandes diferencias entre ambos es que los neurotransmisores viajan a través de las sinapsis en el sistema nervioso central para comunicarse con otras neuronas y músculos, mientras que las hormonas se producen en las glándulas endocrinas —como el hipotálamo, la hipófisis o la tiroides— y recorren el cuerpo a través del torrente sanguíneo para llegar a los órganos.

> En 1921, el fisiólogo alemán Otto Loewi descubrió la existencia de los neurotransmisores en el cerebro.

Existen más de cuarenta neurotransmisores en el sistema nervioso humano. Algunos de los más importantes son:

- Serotonina: conocido como el «neurotransmisor de la felicidad», tiene un papel fundamental en la regulación del estado de ánimo, el sueño y el apetito. También influye en el buen funcionamiento cognitivo, la memoria y la modulación del dolor.
- Dopamina: está vinculada con la motivación, la recompensa y el placer. Se libera cuando experimentamos satisfacción —como cuando comemos algo que nos gusta— y está relacionada con el proceso de aprendizaje y la memoria.
- Noradrenalina: desempeña un papel crucial en la respuesta al estrés y la regulación del estado de alerta, por lo que siempre está siendo secretada en pequeñas cantidades. Cuando necesitamos estar enfocados y atentos, este neurotransmisor es el responsable de preparar nuestro cuerpo y mente para afrontar los desafíos.

- **Adrenalina:** se libera exclusivamente en situaciones de estrés o peligro, en las que envía señales de alerta y nos prepara para la respuesta de lucha o huida, dando lugar al aumento de la frecuencia cardiaca y la presión arterial.
- **Ácido gamma-aminobutírico o GABA:** funciona como inhibidor del cerebro, ya que contrarresta la acción excitatoria de otros neurotransmisores, lo que genera un efecto calmante y mantiene en equilibrio nuestro sistema nervioso. Los medicamentos que son utilizados en los trastornos de ansiedad, como las benzodiacepinas, actúan sobre este neurotransmisor.

Si bien las hormonas y los neurotransmisores funcionan dentro de nuestro organismo mediante mensajes químicos entre los sistemas endocrino y nervioso, fuera del cuerpo trabajan las feromonas, que son señales para los miembros de la misma especie. Estas señales son interpretadas por nuestro cerebro y se desata como respuesta la comunicación interna hormonal.

Las feromonas: aliadas sutiles

Son sustancias químicas emitidas por la mayoría de los seres vivos para provocar respuestas en otros individuos de la misma especie, ayudándolos a comunicarse y organizarse eficientemente.

En los animales, las feromonas influyen en la atracción sexual, la delimitación de territorios, la identificación de miembros de la familia o la advertencia de peligro; mientras que en nosotros, los humanos, pueden afectar el comportamiento social y sexual de forma sutil.

Los tipos más comunes de feromonas en animales y humanos son:

- **De señalización sexual:** están relacionadas con el apareamiento y la atracción sexual.
- **De alarma:** son emitidas en situaciones de peligro o estrés para alertar a otros ante una amenaza inminente.
- **Territoriales:** sirven para marcar un territorio y evitar que otros individuos entren en él. En los animales, pueden estar en la orina y los excrementos.

LA QUÍMICA CORPORAL

- **De rastro:** ayudan a los miembros de un grupo de la misma especie a orientarse y seguir rutas establecidas.
- **Calmantes:** tienen un efecto tranquilizante sobre otros seres de la misma especie.
- **De agregación:** permiten a los individuos identificar a miembros de su propia especie o compañeros de grupo.

En una pareja, realmente existe una química que hace que se sientan atraídos el uno por el otro.

25

DESBLOQUEA TU ESTRÉS: CORTISOL

Otras alianzas estratégicas

El sistema endocrino es el protagonista en el trabajo hormonal. Se encarga de enviar información a las glándulas y órganos que elaboran hormonas para que estos, a su vez, las liberen en la sangre. De esta manera, sus mensajes llegan a todo nuestro cuerpo y los siguientes sistemas lo ayudan a realizar bien su trabajo:

SISTEMA ENDOCRINO

Elabora y libera hormonas en la sangre para que lleguen a los tejidos y órganos de todo el cuerpo.

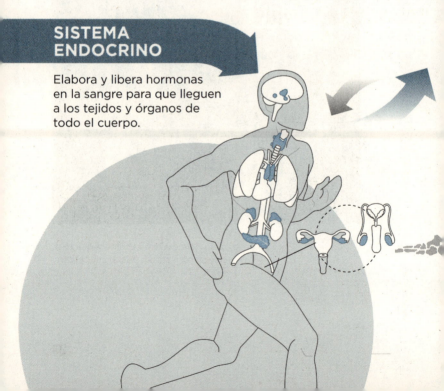

LA QUÍMICA CORPORAL

SISTEMA MUSCULAR
Facilita el movimiento del cuerpo, tanto voluntario como involuntario.

SISTEMA URINARIO
Filtra y elimina desechos del cuerpo y regula el equilibrio de líquidos.

SISTEMA CIRCULATORIO
Transporta sangre, oxígeno y nutrientes a las células del cuerpo.

SISTEMA DIGESTIVO
Transforma alimentos en energía y nutrientes para el crecimiento y la reparación.

SISTEMA NERVIOSO
Coordina las acciones del cuerpo mediante señales eléctricas y químicas.

SISTEMA ESQUELÉTICO
Soporta y protege los tejidos y órganos del cuerpo, además de facilitar su movimiento.

SISTEMA RESPIRATORIO
Aporta oxígeno al cuerpo y elimina dióxido de carbono.

Las hormonas: emisarias eficientes

Son compuestos químicos generados por las glándulas del sistema endocrino que funcionan como transmisores de señales en nuestro cuerpo. Se desplazan por el torrente sanguíneo y son esenciales para preservar el equilibrio y la armonía entre nuestros distintos órganos y sistemas.

En cuanto a sus funciones principales, destacamos:

- **Regulación del metabolismo:** la insulina y las hormonas tiroideas controlan cómo nuestro cuerpo convierte los alimentos en energía.
- **Crecimiento y desarrollo:** las hormonas del crecimiento y sexuales, como los estrógenos y la testosterona, son clave para nuestro desarrollo físico durante la niñez, adolescencia y pubertad.
- **Mantenimiento del equilibrio interno (homeostasis):** el cortisol y la aldosterona nos ayudan a regular el equilibrio de sal, agua y minerales en el cuerpo.
- **Reproducción y desarrollo sexual:** los estrógenos, la testosterona y la progesterona

controlan el desarrollo de los caracteres sexuales secundarios y, según el sexo, regulan el ciclo menstrual, el embarazo o la producción de esperma.

- **Regulación del estado de ánimo y el comportamiento:** el cortisol y la testosterona influyen en nuestro estado emocional y los niveles de energía.
- **Respuesta al estrés:** el cortisol y la adrenalina preparan al cuerpo para reaccionar ante situaciones de estrés o peligro.

El funcionamiento adecuado de nuestras hormonas nos ayudará a lograr el bienestar y el equilibrio.

Cuando hay demasiadas o muy pocas hormonas en el torrente sanguíneo, se produce el desequilibrio hormonal y se desencadenan problemas de salud. Por eso, es esencial que haya un balance adecuado entre ellas para que funcionemos óptimamente y podamos evitar los siguientes efectos negativos:

- **Trastornos metabólicos:** un exceso o déficit de hormonas tiroideas o insulina puede generarnos hipotiroidismo, hipertiroidismo o diabetes.
- **Problemas emocionales:** un desequilibrio de cortisol o de las hormonas del estrés puede causarnos ansiedad, depresión o irritabilidad.
- **Problemas de crecimiento:** la deficiencia de la hormona del crecimiento puede ocasionarnos problemas como enanismo, mientras que un exceso provoca gigantismo o acromegalia.

- Alteraciones reproductivas: un desequilibrio en las hormonas sexuales puede causar, en las mujeres, infertilidad y problemas menstruales, mientras que, en los hombres, genera baja producción de esperma o disfunción eréctil.
- Estrés crónico y fatiga: un exceso de cortisol puede llevarnos al agotamiento, problemas de memoria y aumento de peso.

Debido a la importancia que tienen las hormonas para el organismo, su desbalance puede causarnos trastornos hormonales.

> Si no se atienden a tiempo, los desequilibrios hormonales pueden desencadenar afecciones crónicas. Por eso, es importante cuidar el equilibrio químico de nuestro cuerpo.

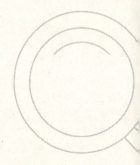

El desorden de los trastornos hormonales

Los trastornos hormonales aparecen cuando tenemos un desequilibrio en la producción o función de las hormonas en el cuerpo. Algunos de los más importantes son los siguientes:

- Hipotiroidismo: ocurre cuando nuestra glándula tiroides no produce suficiente cantidad de dos hormonas tiroideas (T3 y T4). Entonces, se desregulan las reacciones metabólicas del organismo y se afectan las funciones neuronales, cardiocirculatorias, digestivas, entre otras.
- Hipertiroidismo: es un exceso de hormonas tiroideas que puede acelerar el metabolismo y, como consecuencia de ello, producirnos una pérdida de peso inesperada, acelerar nuestro ritmo cardiaco y predisponernos a un aumento de sudoración o de irritabilidad.
- Diabetes: consiste en la deficiencia o resistencia a la insulina, lo que afecta la regulación del azúcar en la sangre y nos puede causar

LA QUÍMICA CORPORAL

daños graves en el corazón, los vasos sanguíneos, los ojos, los riñones y los nervios.

- Síndrome de ovario poliquístico (SOP): se define como el desequilibrio de las hormonas sexuales femeninas (exceso de andrógenos) y puede provocar la ausencia de la menstruación o ciclos irregulares.
- Insuficiencia suprarrenal (enfermedad de Addison): se origina cuando las glándulas suprarrenales no producen suficiente cortisol y aldosterona.
- Síndrome de Cushing: se produce por un exceso de cortisol en nuestro cuerpo.
- Acromegalia: sucede como consecuencia de tener niveles altos de la hormona de crecimiento en los adultos, generalmente debido a un tumor en la glándula pituitaria.
- Hipogonadismo: es la producción insuficiente de hormonas sexuales (testosterona en hombres, estrógeno en mujeres).
- Hiperprolactinemia: ocurre por un exceso de prolactina, regularmente causado por un tumor en la glándula pituitaria.
- Menopausia precoz: se trata de la disminución temprana de los niveles de estrógeno, generalmente antes de los 40 años.

La felicidad explicada de forma orgánica

Las hormonas y los neurotransmisores juegan un papel fundamental en la regulación de las emociones. Los desequilibrios hormonales pueden generar cambios de humor, ansiedad, depresión u otras alteraciones. Por el contrario, mantener un equilibrio hormonal saludable favorece nuestra estabilidad emocional y bienestar mental, lo que está ligado estrechamente con la felicidad.

Estas son las hormonas y los neurotransmisores claves que influyen en ella:

- Serotonina: sus niveles adecuados se asocian con la felicidad; no obstante, niveles bajos pueden conducirnos a estados de depresión y ansiedad.
- Dopamina: cuando realizamos actividades placenteras o alcanzamos metas, su cantidad se incrementa y esto genera sensaciones de satisfacción.

LA QUÍMICA CORPORAL

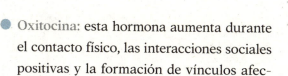

- **Oxitocina:** esta hormona aumenta durante el contacto físico, las interacciones sociales positivas y la formación de vínculos afectivos, lo que promueve una sensación de bienestar.
- **Endorfinas:** su liberación, a través del ejercicio, la risa y el sexo, nos hace sentir euforia y relajamiento.
- **Testosterona:** niveles equilibrados están asociados con una mayor energía y una mejor sensación general; mientras que niveles bajos pueden estar relacionados con la depresión y la fatiga. Cabe precisar que la producción de esta hormona en hombres y mujeres presenta rangos diferentes.
- **Cortisol:** su exceso nos ocasiona inestabilidad emocional, por eso hay que estar atentos para regularlo. Provoca irritabilidad, la sensibilidad está a flor de piel, lo que deviene en conflictos con otras personas o en sentimientos de angustia, tristeza o exaltación.

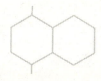

CAPÍTULO 1

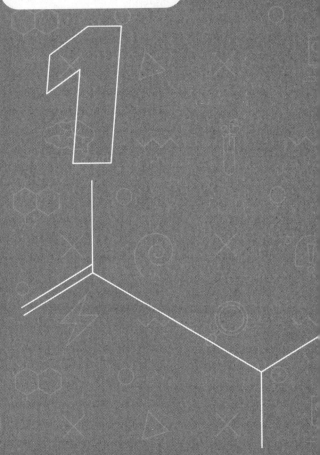

CORTISOL:
LA HORMONA
DEL
estrés

DESBLOQUEA TU ESTRÉS: CORTISOL

¿Qué es el cortisol?

Es una hormona producida y liberada por las glándulas suprarrenales, que, como su nombre lo indica, están ubicadas encima de los riñones. Esta sustancia secretada por nuestro cuerpo desempeña un papel crucial en la forma en que enfrentamos el estrés.

Cuando el cerebro detecta una «amenaza», como un temblor, un intento de robo o la presencia de una araña grande en casa, el cortisol nos permite mantenernos alertas y tener más energía para enfrentar esa situación desafiante. Estos eventos «inusuales» activan inmediatamente en el cerebro una respuesta: huir o hacer frente al peligro. Gracias a esta hormona, podemos experimentar una mayor energía, determinación e impulso, aunque también nos puede ocasionar nerviosismo, ansiedad o miedo.

Sin embargo, la función del cortisol va mucho más allá de ser un sistema de alarma, pues influye en otros procesos importantes para nuestro organismo. Por ejemplo, equilibra el nivel de azúcar en la sangre, impacta en la presión arterial, regula los niveles de inflamación y determina cómo utilizamos los carbohidratos, grasas y proteínas para obtener energía. Sin cortisol nuestro cuerpo no funcionaría de manera correcta.

La hormona que alerta

Cada uno de los seres del reino animal buscamos asegurar la supervivencia. No importa si se trata de una liebre escapando de un jaguar, un salmón nadando a contracorriente para no ser devorado por un oso o nosotros esquivando un auto fuera de control: todos deseamos resguardar nuestra integridad.

En la naturaleza, los depredadores están al acecho. El cortisol activa la alerta de sus presas para que caigan en sus garras.

DESBLOQUEA TU ESTRÉS: CORTISOL

Por esta razón, el cortisol —o una hormona equivalente— está presente en los mamíferos, aves, peces y reptiles. Este es el caso de los pingüinos emperadores de la Antártida, que producen cortisol para escapar del ataque de una orca o soportar temperaturas de -30 °C.

La sensación de estar siempre bajo presión por el ritmo acelerado de la vida actual nos puede conducir a niveles de cortisol muy elevados.

Peligro al acecho

La naturaleza de las amenazas que afrontamos ha cambiado drásticamente con el transcurrir de los años. Si en el pasado corríamos el riesgo ocasional de ser perseguidos por un tigre dientes de sable, ahora nuestros «depredadores» tienen un aspecto menos feroz, pero son igual de pavorosos: un sinfín de correos electrónicos por contestar, *deadlines* por cumplir o un bombardeo de noticias negativas sobre lo que ocurre alrededor del mundo.

Las amenazas ya no son esporádicas y concretas, sino que están rondándonos en todo momento. Esa sensación de alarma constante es capaz de desequilibrar la producción de cortisol y causarnos un cuadro de estrés crónico.

> El cortisol ha sido indispensable para la conservación de la especie humana.

¿Cómo se produce?

Para que los seres humanos generemos cortisol, primero nuestro cerebro debe identificar una falta de esta hormona en la sangre. Luego, en respuesta, envía señales a las glándulas suprarrenales para que empiecen a segregarla.

El cortisol no se encuentra en nada que podamos consumir como parte de nuestra dieta. No está en frutas, verduras, carnes o lácteos. Sin embargo, es cierto que determinados alimentos pueden contribuir a disminuir sus niveles en el cuerpo.

Por ejemplo, el consumo de pescados azules o grasos es muy beneficioso, ya que son excelentes fuentes de omega-3 y grasas saludables que contribuyen a regular el cortisol. Algunas especies de este tipo son el atún, el salmón, las anchoas y las sardinas.

También está demostrado que el consumo de chocolate negro y arándanos reduce el nivel de cortisol. Lo mismo sucede con la planta ashwagandha, popular en la medicina ayurvédica.

Un poco de historia

En la década de los treinta, el cortisol fue identificado y aislado casi en simultáneo por dos científicos que llevaban a cabo experimentos en distintas ciudades: el químico estadounidense Edward Kendall, en Rochester, y el químico polaco-suizo Tadeusz Reichstein, en Zúrich.

En 1950, junto con el científico Philip Hench, ambos ganaron el Premio Nobel de Medicina por descubrir esta hormona, identificar sus efectos antiinflamatorios y su relación con el estrés.

Más adelante, se logró producir diversas formas de cortisol sintético. Este producto pertenece a la rama de los famosos corticoides, que son utilizados ampliamente en el tratamiento de alergias graves y de enfermedades autoinmunes e inflamatorias, como la artritis reumatoide y el lupus. También se emplean para tratar enfermedades dermatológicas, como la psoriasis y los eczemas.

DESBLOQUEA TU ESTRÉS: CORTISOL

El cortisol en nuestro cuerpo

El cortisol se produce en nuestro cuerpo gracias a un proceso similar a una carrera de relevos en la que intervienen varias glándulas y otras hormonas. Su recorrido, unido en gran medida a las proteínas, lo hace de la siguiente manera:

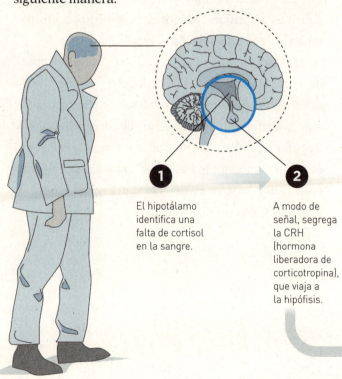

1 El hipotálamo identifica una falta de cortisol en la sangre.

2 A modo de señal, segrega la CRH (hormona liberadora de corticotropina), que viaja a la hipófisis.

CORTISOL: LA HORMONA DEL ESTRÉS

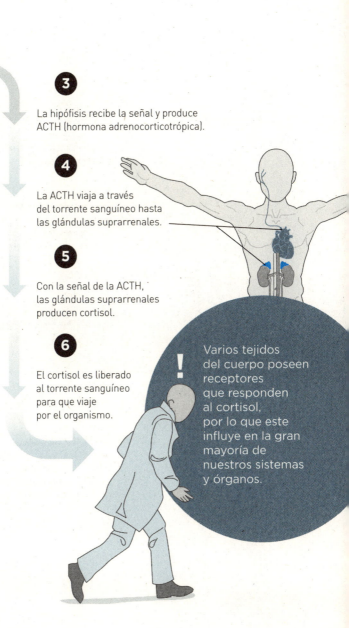

3 La hipófisis recibe la señal y produce ACTH (hormona adrenocorticotrópica).

4 La ACTH viaja a través del torrente sanguíneo hasta las glándulas suprarrenales.

5 Con la señal de la ACTH, las glándulas suprarrenales producen cortisol.

6 El cortisol es liberado al torrente sanguíneo para que viaje por el organismo.

! Varios tejidos del cuerpo poseen receptores que responden al cortisol, por lo que este influye en la gran mayoría de nuestros sistemas y órganos.

DESBLOQUEA TU ESTRÉS: CORTISOL

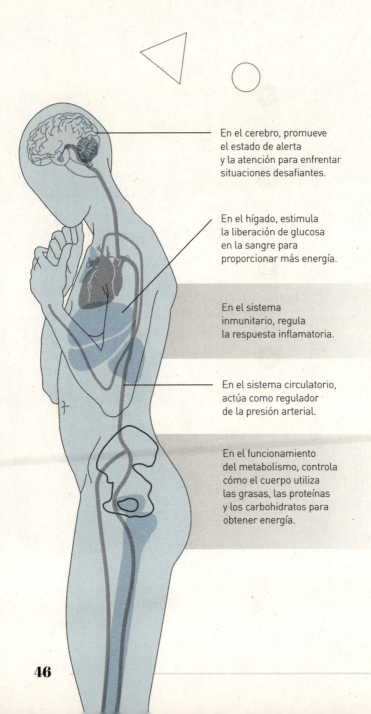

En el cerebro, promueve el estado de alerta y la atención para enfrentar situaciones desafiantes.

En el hígado, estimula la liberación de glucosa en la sangre para proporcionar más energía.

En el sistema inmunitario, regula la respuesta inflamatoria.

En el sistema circulatorio, actúa como regulador de la presión arterial.

En el funcionamiento del metabolismo, controla cómo el cuerpo utiliza las grasas, las proteínas y los carbohidratos para obtener energía.

CORTISOL: LA HORMONA DEL ESTRÉS

Además, en el ciclo del sueño, impacta en el balance del ritmo circadiano al influir en las fases de sueño y vigilia.

La liberación habitual de cortisol sigue un patrón vinculado al ciclo de la luz, el día y la noche.

DÍA

NOCHE

ATARDECER

ANOCHECER

MEDIA MAÑANA

MEDIA NOCHE

AMANECER

3 Al anochecer llega a su punto más bajo y esto hace que el cuerpo se prepare para el descanso.

2 Con el paso de las horas, el nivel de cortisol disminuye progresivamente.

4 Durante la noche, el cortisol aumenta progresivamente para comenzar otra vez el ciclo al despertar.

1 Por las mañanas, el cortisol está en su punto más alto, lo que te ayuda a despertar y te activa para enfrentar la jornada.

En momentos de estrés o de actividad intensa, la producción de cortisol también aumenta, sin importar el momento del día.

Efectos en el cuerpo humano

Para procesar las señales enviadas por el cortisol, las células necesitan receptores de glucocorticoides, que son como un tendido eléctrico que se extiende a lo largo de nuestro organismo. Estos receptores permiten que el cortisol viaje por el torrente sanguíneo unido a proteínas específicas de plasma, facilitando que su acción llegue a casi todos nuestros tejidos y órganos.

El cuerpo monitorea de forma continua los niveles de cortisol con el objetivo de mantenerlos estables. A este estado de autorregulación se le conoce como homeostasis. Si los niveles de cortisol son muy elevados o muy bajos, se rompe la homeostasis, lo que puede ser perjudicial para nuestra salud. Si esto ocurre constantemente, la situación se puede volver crónica. Por tanto, el equilibrio o desequilibrio del cortisol en nosotros puede tener consecuencias positivas o negativas según corresponda.

CORTISOL: LA HORMONA DEL ESTRÉS

RESPUESTAS NEGATIVAS

Predispone a enfermedades cardiovasculares.

Facilita los resfríos frecuentes.

Produce problemas digestivos.

Estimula sensaciones de nerviosismo y ansiedad.

Favorece el exceso de peso.

Ocasiona problemas de memoria.

Debilita al sistema inmunitario.

Disminuye el deseo sexual.

Genera irritabilidad.

Provoca insomnio.

Induce al dolor crónico.

RESPUESTAS POSITIVAS

Facilita la gestión del estrés.

Regula la presión arterial.

Favorece la claridad mental.

Regula el ciclo del sueño.

Controla el azúcar en la sangre.

Regula el metabolismo.

Genera picos de energía.

Promueve la atención.

Modula la inflamación.

Un caso para analizar

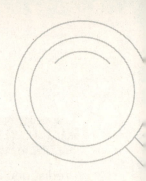

Pilar es la gerente de ventas más exitosa en la historia de la empresa para la cual trabaja. Fue la primera mujer en llegar a ese cargo y también la persona más joven en lograrlo. Siempre que le preguntan cuál ha sido la clave de su éxito laboral, ella asegura que se trata de su compromiso inquebrantable.

Todas las mañanas, antes de salir de su casa, repasa las citas que tiene agendadas para ese día. Además, mientras está de camino a la oficina, hace llamadas para coordinar con su equipo. Durante la jornada, entra y sale de un sinfín de reuniones. Incluso, no es extraño verla sentada en su escritorio almorzando apresuradamente, debido a que tiene demasiados pendientes.

A pesar de que la jornada laboral termina a las seis de la tarde, nunca se desconecta por completo. Puede estar cocinando la cena o viendo una serie mientras redacta correos o anota recordatorios.

Los fines de semana, por si fuera poco, aprovecha para preparar alguna presentación o analizar los números de un informe. Ni qué decir de los constantes viajes por trabajo.

CORTISOL: LA HORMONA DEL ESTRÉS

Pilar es consciente de que está a mil por hora, pero no duda al afirmar que le encanta vivir a ese ritmo. Es verdad que no duerme bien y que el dermatólogo acaba de decirle que ese nuevo sarpullido en su mano es por estrés; sin embargo, ella le resta importancia... hasta que perdió un vuelo de conexión cuando regresaba de un viaje de negocios.

Al darse cuenta de que no llegaría a tiempo para una importante reunión con el directorio, empezó a desesperarse. Su respiración se agitaba y sentía un nudo en el pecho. El personal del aeropuerto tuvo que intervenir para ayudarla a calmarse. Sufrió un ataque de pánico.

Cuando regresó a casa, presionada por sus amigas, acudió al médico. Después de realizarle exámenes, el especialista le confirmó que sus niveles de cortisol estaban por los cielos. Debía cambiar su estilo de vida, pues padecía de estrés crónico.

Entonces decidió hacerlo poco a poco. Para comenzar, se obligó a sí misma a respetar su hora de almuerzo en la oficina y a escuchar una meditación guiada en las noches antes de dormir. Bastaron dos semanas para empezar a sentir mejoría. Motivada, al mes incorporó veinte minutos de caminata por las mañanas.

Ahora, Pilar tiene más energía y duerme como hace años no lo hacía. Es consciente de que encontrar un balance entre la vida profesional y personal es un desafío, pero está más que dispuesta a superarlo.

DESBLOQUEA TU ESTRÉS: CORTISOL

Tu especialista de cabecera dice

MARIAN ROJAS ESTAPÉ

Es psiquiatra por la Universidad de Navarra y experta en el enfoque integral de la salud al unir psicología, medicina y bienestar emocional. Además, es conferencista a nivel internacional y autora de *bestsellers* como *Encuentra tu persona vitamina* y *Cómo hacer que te pasen cosas buenas*. Sobre el cortisol, comenta:

CORTISOL: LA HORMONA DEL ESTRÉS

« El 91.4% de las cosas que nos preocupan nunca suceden, pero mi cuerpo y mi mente lo viven como si fuera real. Es decir, tanto lo que me sucede como lo que me preocupa tiene un impacto directo en mi mente. Si más del 90% de las cosas que nos preocupan no ocurren, eso significa que voy a inducir en mi organismo un estado de alerta mantenido; lo que yo denomino una intoxicación de cortisol ».

DESBLOQUEA TU ESTRÉS: CORTISOL

MARIO ALONSO PUIG

Es doctor en Medicina y Cirugía. Hace más de veinte años que se dedica a la investigación y la docencia en el campo del desarrollo personal, la salud mental y el liderazgo, y es autor de más de diez libros sobre el tema. Acerca de esta hormona, afirma lo siguiente:

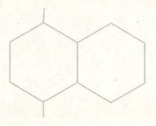

CORTISOL: LA HORMONA DEL ESTRÉS

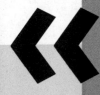

El cortisol es una hormona importantísima [...] El problema es cuando ese cortisol nunca baja y no sigue los ritmos del día, sino que está permanentemente elevado. Eso lo hace el estrés crónico. Si buscas quietud en tu vida, te fijas en las cosas buenas, ejercitas la gratitud, pues empieza a bajar el cortisol. Si haces algo bueno por los demás se libera oxitocina; la oxitocina corta el eje del cortisol, pero la mente es la que no nos deja

CAPÍTULO 2

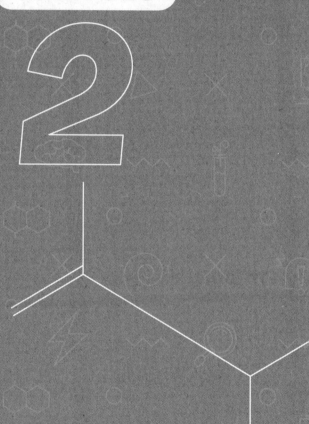

NUESTRO
mecanismo
DE DEFENSA

DESBLOQUEA TU ESTRÉS: CORTISOL

¿Cuándo liberamos cortisol?

Nuestro cuerpo libera cortisol en dos circunstancias muy distintas: una sucede cada mañana, de manera rutinaria, cuando comenzamos el día, y la otra se produce como parte de un mecanismo de defensa ante experiencias que nos desafían.

Patada inicial

El cortisol es una hormona cíclica regida por nuestro ritmo circadiano, lo que quiere decir que está relacionada con los cambios de la luz solar. Así, al igual que el sol sale y se oculta diariamente, nuestros niveles de cortisol siguen un mismo ciclo jornada tras jornada.

Por las noches, el cortisol es bajo, de manera que nos permite dormir. Luego, sube gradualmente hasta que, entre 30 y 45 minutos después de despertar, alcanza su pico máximo. En ese momento, nos encontramos activos y con la energía a tope para lidiar con las exigencias del día.

Conforme transcurren las horas, el cortisol desciende hasta llegar a su punto más bajo al anochecer, cuando es hora de conciliar el sueño.

Sistema de alarma

La segunda circunstancia en la que segregamos cortisol se origina como respuesta ante un estímulo que nos amenaza y nos pone en modo de alerta. Como mecanismo de defensa, nuestro cuerpo se prepara para dos posibles reacciones: huir o enfrentar.

La lista de factores estresantes que pueden desatar una elevación del cortisol es interminable. Puede ser desde un estímulo real y presente —como una alarma de incendio resonando abruptamente en la sala del cine— hasta uno imaginario y futuro —como los posibles problemas que se generarían si renunciamos al trabajo—. Es importante mencionar que la mente no distingue si aquello que nos preocupa pasa en el mundo real o en el de las ideas, así que responde por igual.

Por otro lado, no solo los factores de estrés reales o imaginarios ponen en alerta a nuestro cuerpo. También podemos experimentar un marcado incremento de cortisol al mantener un ayuno extenso o practicar deportes muy intensos durante un tiempo prolongado. En ambos casos, nuestro cuerpo detecta una situación estresante y activa su mecanismo bioquímico de defensa.

Mala fama

El cortisol tiene una mala reputación, debido a que es conocido como la «hormona del estrés». Y aunque no faltan las campañas para mantener a raya su producción, lo cierto es que no podemos vivir sin él.

Esta hormona está involucrada prácticamente en todas las funciones de nuestro organismo, ya que participa en diferentes sistemas: nervioso, inmunitario, cardiovascular, respiratorio, reproductivo y musculoesquelético.

Además, un golpe de cortisol puede hacernos sentir fuertes, vivos e invencibles. Es ese subidón que experimentamos cuando estamos por hablarle a la persona que nos atrae o antes de tirarnos a la piscina desde un trampolín.

Para estar saludables no es necesario acabar con la producción de cortisol, solo debemos buscar que sus niveles estén balanceados.

¿Cómo nos impacta el cortisol?

Su mala fama hace que sus efectos físicos en nuestro organismo no sean tan reconocidos. Hay que tomar en cuenta que esta hormona no es del todo negativa. Por el contrario, nos ayuda a regular distintas funciones, desde el metabolismo, el peso o el sueño, por lo que resulta de suma importancia que esté siempre bien regulada.

El cortisol nos ayuda de la siguiente manera:

- Impacta en cómo metabolizamos los carbohidratos, las grasas y las proteínas; es decir, cómo nuestro cuerpo los utiliza para convertirlos en energía.
- Inhibe la secreción de insulina y provoca que haya mayor glucosa y proteínas en la sangre. En concentraciones normales, esto es lo que nos da energía para levantarnos por las mañanas. No obstante, si el cortisol está desequilibrado, el exceso de glucosa en la sangre puede propiciar la acumulación de grasa en la zona del abdomen y, a largo plazo, aumentar el riesgo de diabetes.
- Influye en nuestra presión arterial al regular el equilibrio entre la sal y el agua del cuerpo.

DESBLOQUEA TU ESTRÉS: CORTISOL

- Impacta en procesos claves del metabolismo óseo al promover la descomposición de los huesos viejos o dañados.

- En el corto plazo, tiene un efecto antiinflamatorio que protege al organismo contra infecciones. Eso sí, si el estrés persiste y existe un exceso de cortisol, sucede lo opuesto: se debilita la respuesta del sistema inmunitario. Por eso, cuando estamos estresados por mucho tiempo, solemos contraer gripe continuamente.

- En cantidades adecuadas, propicia la claridad mental y la capacidad de concentración. Por esta razón, estamos biológicamente mejor preparados para resolver problemas y situaciones complejas por las mañanas, cuando nuestro pico de cortisol natural nos regala mayor eficiencia.

- Influye en nuestra memoria, pues dependiendo de qué tan bien calibrada esté recordaremos u olvidaremos las cosas con mayor facilidad.

- En equilibrio, nos da una mejor capacidad de adaptación porque modula el ánimo y nos brinda un estado emocional estable.

- Tener el cortisol balanceado regula correctamente el ciclo de sueño y vigilia. Nos permite sentirnos despiertos y con energía durante el día y listos para dormir al llegar la noche.

NUESTRO MECANISMO DE DEFENSA

Relaciones químicas

Como todo en nuestro cuerpo está relacionado, el cortisol interactúa con las siguientes hormonas y neurotransmisores para aportar a nuestro bienestar.

Adrenalina y noradrenalina

Debido a su estrecho vínculo, podríamos decir que la adrenalina y la noradrenalina son las primas hermanas del cortisol. Ante una situación de estrés, las glándulas suprarrenales también producen estas dos sustancias químicas.

Por un lado, la adrenalina acelera el ritmo cardiaco, bombea más sangre a los músculos, aumenta la capacidad pulmonar y agudiza los sentidos. Por el otro, la noradrenalina potencia nuestra capacidad de atención y la concentración.

La adrenalina y la noradrenalina permanecen entre uno y cinco minutos en nuestro cuerpo, pero sus efectos pueden durar hasta una hora. El cortisol, en cambio alcanza su punto máximo unos 20 o 30 minutos después de un acontecimiento estresante, y puede permanecer elevado por varias horas. Si el estrés, en vez de ser agudo, es crónico, el nivel de cortisol puede mantenerse alto durante días, semanas y hasta meses.

Dopamina

Durante los episodios de estrés agudo ambas sustancias se comportan como aliadas. Ante un desafío, el cortisol se dispara y nos prepara para dar respuesta. La dopamina, por su parte, aumenta para mantenernos motivados y enfocados en encontrar una solución.

Por el contrario, en un estado de estrés crónico se convierten en enemigas. El cortisol elevado de forma prolongada inhibe a la dopamina y sus circuitos, lo cual disminuye la motivación, el placer y el deseo de realización.

Cuando nos sentimos agobiados, varias hormonas y neurotransmisores se activan en nuestro cuerpo como una reacción ante lo que ocurre.

Serotonina

Para producir serotonina, se necesita de un aminoácido llamado triptófano. Sin embargo, cuando nuestro cuerpo sufre de estrés crónico y tiene un exceso de cortisol, se desencadena un proceso inflamatorio. Para enfrentarlo, nuestro organismo también utiliza este aminoácido.

Entonces, frente al estrés crónico, el cuerpo debe elegir entre usar el triptófano disponible para enfrentar la amenaza o producir serotonina para mantener estable nuestro estado de ánimo. Por supuesto, escoge la supervivencia y nos deja susceptibles a episodios de ansiedad, ataques de pánico y depresión.

Oxitocina

Cuando uno se estresa, además de cortisol, puede liberar oxitocina como una manera de contrarrestar la tensión. Un abrazo o el llanto estimula la liberación de oxitocina, lo que a su vez disminuye los niveles de cortisol. ¿El resultado? Una sensación de alivio y sosiego.

DESBLOQUEA TU ESTRÉS: CORTISOL

Activar la alarma

1 Sucede un evento estresante y el cuerpo entra en modo de alerta.

2 Se liberan adrenalina, noradrenalina y cortisol. Estas viajan por la sangre y aumentan los niveles hormonales en nuestro cuerpo preparándolo para huir o enfrentar.

Uno percibe el cortisol elevado de la siguiente manera:

En el cerebro: estado de alerta, concentración e inquietud.

En los ojos: dilatación de las pupilas.

En los oídos: agudización de la escucha.

En las vías respiratorias: mayor capacidad pulmonar.

En el corazón: aumento del ritmo cardiaco.

En la piel: sensación de calor y sudoración.

En los músculos: tensión muscular y fuerza.

En el estómago: falta de apetito.

NUESTRO MECANISMO DE DEFENSA

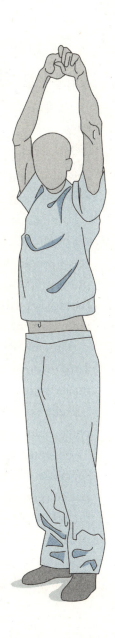

Una vez que el factor estresante desaparece, el cuerpo comienza a reducir los niveles de cortisol.

El hipotálamo detecta que ya no es necesario mantener cantidades altas de cortisol.

Deja de mandar señales a las glándulas suprarrenales, lo que reduce la liberación de cortisol.

El cortisol se mantiene en el cuerpo entre sesenta y noventa minutos, pero sus efectos permanecen durante varias horas.

Progresivamente, el cuerpo deja el modo de alerta y regresa a su estado de equilibrio, en el que los sistemas vuelven a su funcionamiento normal. A esto se le conoce como homeostasis.

DESBLOQUEA TU ESTRÉS: CORTISOL

Un caso
para analizar

Laura tiene 33 años y está casada con Pedro desde hace tres. Durante todo este tiempo, ella ha estado tratando de quedar embarazada.

Desde que tiene memoria, ella siempre soñó con ser madre. Cuando a los 10 años jugaba con sus amigas a preguntarse cómo se veían en el futuro, siempre respondía: «Casada y con tres hijos». Quería que fueran dos varones y una mujer, y hasta los nombres tenía elegidos.

Sin embargo, las cosas no salieron como planeó. Tuvo un novio en la escuela, con el que pensó que formaría una familia, pero terminaron poco después de que ella cumpliera 18. Si bien luego salió con algunos chicos más, al final siempre terminaba separándose.

No entendía qué pasaba. Muchas de sus amigas ya se habían casado y eran madres, incluso algunas iban por su segundo hijo. Entonces, conoció a Pedro. Tras un par de años de noviazgo, celebraron la boda y empezaron la búsqueda.

Laura ya no sabe cómo disimular que están teniendo problemas para concebir. Cada vez que va a una reunión familiar, sus tías le preguntan cuándo tendrá a su primer hijo. A sus amigas les dice que todavía no, que quiere priorizar el trabajo un rato más. A su madre ya no puede ni mirarla a los ojos cuando le dice que «muere por ser abuela». Entrar a sus redes sociales es un martirio: están invadidas por fotos y videos de parejas perfectas con hijos perfectos viviendo vidas perfectas.

Siente pena, vergüenza, rabia. No hay momento en que no piense en eso. Ha perdido el deseo sexual, y aun así se obliga a tener sexo. Hace poco tuvo un retraso y pensó que, por fin, estaba embarazada. Pero no, a la semana inició su menstruación. Desde esa vez, su ciclo menstrual está impredecible.

Cuando arrancó este proceso, sus exámenes habían salido bien. Ahora, en unas nuevas pruebas, resultó que tiene el cortisol elevado. «Es por el estrés que te está generando el no quedar embarazada», le dijo la ginecóloga.

Laura comenzó a ir a terapia para gestionar sus emociones y también a practicar yoga tres veces por semana. Ya han pasado cuatro meses y se siente mucho mejor. Su libido volvió y su ciclo menstrual se regularizó. A pesar de que todavía no ha quedado embarazada, está más tranquila y confía en que está yendo por el camino correcto.

DESBLOQUEA TU ESTRÉS: CORTISOL

Tu especialista de cabecera dice

ANA IBÁÑEZ

Es ingeniera química y neurocientífica. Investiga sobre los últimos avances en la optimización cerebral y ofrece entrenamiento en alto rendimiento mental y bienestar a niños y adultos en sus centros MindStudio. Sobre este tema, comenta:

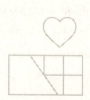

NUESTRO MECANISMO DE DEFENSA

> « El estrés es necesario para que logremos hacer algo que se sale de lo normal. Hay dos claves esenciales para que el estrés sea positivo: que sepamos la recompensa y que no se mantenga durante demasiado tiempo ».

DAVID JP PHILLIPS

Es un emprendedor sueco que ha dedicado gran parte de su carrera a estudiar cómo la neurociencia y la biología afectan la forma en que los seres humanos reciben y procesan información. En *Las 6 hormonas que van a revolucionar tu vida*, señala lo siguiente:

NUESTRO MECANISMO DE DEFENSA

«Cuando te estresas liberas oxitocina, seguramente para paliar los efectos del estrés. Lo que puedes hacer para contribuir a este proceso es abrazar a alguien, recibir un masaje, hacer una meditación de gratitud o usar mi herramienta favorita: sacar tu teléfono y mirar algo que te llene de empatía y amor. Yo suelo mirar fotografías de mis hijos».

CAPÍTULO 3

CUANDO LAS
alertas
SE DISPARAN

DESBLOQUEA TU ESTRÉS: CORTISOL

El estrés y sus riesgos

Nuestro cuerpo libera cortisol cuando nos enfrentamos a un desafío, ya sea psicológico o físico, real o imaginario. El problema es que estos retos pueden llegar a ser demasiado frecuentes porque en la actualidad priman la productividad, el control, la prisa, la inmediatez y la exposición.

Por esta razón, nuestro estilo de vida tiende a estimular en exceso las glándulas suprarrenales, lo que provoca estrés crónico y niveles de cortisol con predisposición al alza. Se calcula que entre 30 y 40% de toda la población mundial sufre de estrés.

Algunos factores que disparan los niveles de cortisol son los siguientes:

Psicológicos

- Rumiar pensamientos negativos
- No expresar nuestras emociones
- Ser muy autoexigentes

- Tener dificultad para poner límites
- Preocuparnos por situaciones que están fuera de nuestro control
- No delegar responsabilidades
- Pensar con pesimismo sobre lo que nos sucede
- Preocuparnos en exceso por el futuro
- Cuestionar nuestro propio valor y autoestima

Estilo de vida

- Llevar una rutina sedentaria
- Tener una mala calidad del sueño
- Consumir en exceso azúcar refinada y alimentos ultraprocesados
- No desconectar del trabajo
- Enfrentar problemas laborales
- Tener dificultades financieras
- Tomar cafeína y alcohol en exceso
- Realizar ejercicio extremo
- Socializar poco
- Cambiar constantemente de huso horario
- Trabajar en horario rotativo
- Sobrecargarnos de responsabilidades en el trabajo y la casa
- Sufrir dolor crónico

Ambientales

- Leer o ver con frecuencia muchas noticias negativas sobre lo que sucede en el mundo
- Consumir series, películas y libros que generen miedo, ansiedad o rabia
- Revisar cuentas en redes sociales con mensajes tóxicos y pesimistas
- Percibir la contaminación sonora de la ciudad
- Pasar muchas horas en el tráfico
- Recibir constantemente notificaciones en el celular
- Rodearnos de personas negativas
- Establecer relaciones conflictivas

Las multitudes, el tráfico y el bullicio de la ciudad activan la producción de cortisol.

Casos médicos

En la mayoría de las personas, el estrés crónico es el responsable de las alteraciones en los niveles de cortisol. Sin embargo, existen condiciones médicas que también alteran la producción de esta hormona, como el síndrome de Cushing (por exceso) o la enfermedad de Addison (por déficit). En estos casos, es indispensable visitar a un profesional de la salud.

El cortisol bajo la lupa

Es posible conocer cómo está nuestro cortisol mediante pruebas de sangre, saliva, orina y cabello. Las dos primeras muestran la cantidad de esta hormona en el momento puntual de la toma. Debido a que es una sustancia que fluctúa durante el día, sería necesario realizar varias pruebas para lograr una imagen completa de su estado en nuestro organismo y el ciclo que sigue. La prueba de orina (el test de 24 horas) revela la cantidad total de cortisol excretado durante el día. Por su parte, la de cabello refleja la exposición a largo plazo, por lo que es más útil para evaluar el estrés crónico.

DESBLOQUEA TU ESTRÉS: CORTISOL

Cuando se alcanzan picos

Nuestros cuerpos son una unidad armónica. Cuando el cortisol se desequilibra, y alcanza niveles altos de forma sostenida, impacta negativamente nuestro bienestar. Su alcance es notorio en distintos aspectos de nuestra vida.

El cuerpo en crisis

El exceso de cortisol en nuestro organismo puede generar los siguientes problemas:

- Afecciones en la piel (dermatitis, eczema, acné, caída del pelo, resequedad, envejecimiento prematuro)
- Cambios en la composición corporal (ganancia de peso, aumento de grasa abdominal)
- Mala higiene del sueño
- Problemas y cambios intestinales (colon irritable, úlceras, reflujo, colitis)

CUANDO LAS ALERTAS SE DISPARAN

- Sudoración excesiva
- Temblor de ojo y tics nerviosos
- Problemas musculoesqueléticos (dolores musculares, rigidez, artritis, fibromialgias, osteoporosis)
- Sensación de nudo en la garganta y opresión en el pecho
- Taquicardia y palpitaciones
- Alteración del ciclo menstrual
- Pérdida del deseo sexual
- Enfermedades cardiovasculares (hipertensión, infartos, problemas cardiacos y cerebrovasculares)
- Resfriados recurrentes
- Debilidad del sistema inmune
- Aparición de alergias
- Trastornos de la tiroides
- Diabetes

> El exceso de cortisol puede manifestarse con síntomas diferentes. No los ignores.

Más allá de lo físico

Nuestra mente no es ajena a las consecuencias del cortisol elevado. Muchas veces, sin que seamos conscientes de ello, este dificulta la vida cotidiana de múltiples formas, pues causa:

- Irritabilidad
- Tristeza
- Apatía
- Nerviosismo
- Aceleración mental
- Fallas de concentración
- Problemas de memoria
- Pocas ganas de socializar
- Ansiedad
- Depresión
- Fatiga
- Pensamientos obsesivos

Test: ¿Cortisol en equilibrio?

Responde con sinceridad y recuerda que esta prueba no es un diagnóstico médico ni sustituye una evaluación profesional, pero es una herramienta útil para identificar cómo manejamos el estrés y sondear qué factores podrían estar elevando nuestro cortisol. Tómalo como un punto de partida para reflexionar sobre tu salud.

DESBLOQUEA TU ESTRÉS: CORTISOL

1. ¿Tienes cambios de humor sin explicación o te irritas con facilidad?	a.	No, me mantengo estable.
	b.	A veces estoy irritable y tengo cambios de humor.
	c.	Sí, muchas veces ni yo mismo entiendo lo que me pasa.

2. ¿Ha disminuido tu deseo sexual?	a.	Mi deseo sexual es el mismo de siempre.
	b.	A veces siento que no tengo tanto deseo sexual como antes.
	c.	Estoy desconectado de mi energía sexual.

3. ¿Te parece que te enfermas con frecuencia?	a.	No, me enfermo muy poco.
	b.	A veces puede que tenga una mala racha y me enferme más de lo normal.
	c.	Sí, me enfermo muy seguido.

CUANDO LAS ALERTAS SE DISPARAN

4.
¿Te cuesta acordarte de ciertas cosas o no recuerdas dónde dejaste algo?

a. No, tengo todo bajo control.

b. Ocasionalmente puede que me olvide de algo.

c. Vivo olvidando y perdiendo mis cosas.

5.
¿Has empezado a desarrollar problemas en la piel como eczema o acné?

a. Mi piel es la de siempre.

b. De vez en cuando me aparece algo en la piel.

c. Sí, experimento nuevos problemas en la piel como eczema, acné, caspa o sarpullido.

6.
¿Ha bajado tu nivel de productividad o tu capacidad de concentración?

a. Me siento igual que siempre.

b. A veces me cuesta concentrarme o trabajar de corrido.

c. Pierdo la concentración fácilmente y me cuesta concluir con mis tareas.

DESBLOQUEA TU ESTRÉS: CORTISOL

7. A pesar de dormir una cantidad razonable de horas, ¿te levantas sin energía por las mañanas?

a. No, me despierto con energía para arrancar la jornada.
b. Puede que me cueste; depende del día.
c. Me cuesta muchísimo salir de la cama.

8. ¿Te cuesta conciliar el sueño o te despiertas con frecuencia durante la noche?

a. No, la mayoría de las noches duermo bien.
b. A veces tengo problemas para dormir o me despierto en la noche.
c. Sí, es difícil quedarme dormido y suelo despertar continuamente.

9. ¿Tienes o han aumentado tus antojos por comida chatarra y dulces?

a. Mi apetito es el de siempre.
b. Ocasionalmente tengo antojos, pero no es algo frecuente.
c. Siempre tengo antojos, en especial por comida chatarra y dulces.

CUANDO LAS ALERTAS SE DISPARAN

10. ¿Te sientes abrumado, estresado o ansioso con frecuencia?

a. Rara vez; sé gestionar la presión.

b. Algunas veces me siento abrumado o estresado.

c. La mayor parte del tiempo me siento estresado, abrumado o ansioso.

Resultados

Mayoría de respuestas A

Tus niveles de cortisol parecen estar dentro de los rangos normales y no parece que estés expuesto a periodos de estrés sostenidos o sabes gestionar el estrés de manera adecuada.

Mayoría de respuestas B

Podrías estar experimentando niveles moderados de estrés que impactan en el equilibrio de tu producción de cortisol. Evalúa incorporar nuevas herramientas para el manejo del estrés.

Mayoría de respuestas C

Es posible que tus niveles de cortisol estén por encima de lo normal debido a episodios de estrés sostenido. Esto podría devenir en estrés crónico. Considera visitar a un profesional y realizar cambios en tus hábitos para favorecer su gestión.

87

Un caso para analizar

Julián es la primera persona en la historia de su familia que alcanzará el grado académico de doctor. Después de tres años, está por terminar sus estudios de doctorado en Biología Molecular en el extranjero. Ha sido un periodo intenso: jornadas interminables en el laboratorio, horas en la biblioteca y muchísimas madrugadas frente a la computadora. Y todo lejos de su familia.

Si bien consiguió una beca, esta solo cubría los gastos académicos. Por ese motivo, sus padres han hecho un esfuerzo enorme por apoyarlo económicamente mientras él estudia.

Los extraña muchísimo. Desde que le diagnosticaron cáncer a su padre, hace seis meses, lo único que anhela es volver a su país cuanto antes. Quiso dejar el doctorado apenas se enteró, pero su papá le pidió que no lo hiciera.

Han sido meses duros. Entre lo que ocurre en casa y la presión propia del programa, Julián se siente agobiado y solo. Aunque entabló relación con un par de colegas del laboratorio, no han compartido más que algún almuerzo ocasional. Su principal relación es con su asesora de tesis y no ha sido la más agradable, pues ella es bastante parca y tiene una forma muy hostil de expresar sus opiniones.

Por suerte, ya está por terminar la odisea. La noche anterior a su sustentación, recibió un mensaje de su padre. «Estamos orgullosos de ti, nuestro futuro primer doctor», le escribió. Julián está consciente de que no le puede fallar a su familia, menos ahora.

Por los nervios, no pudo pegar el ojo la noche entera. Por la mañana, vomitó. Llegó bastante ansioso al auditorio y, en cuanto se paró frente al jurado, se le nubló la mente. No recordaba lo que iba a decir, estaba temblando y la voz se le entrecortaba. Por suerte, las diapositivas lo ayudaron a disimular y pudo acabar la presentación.

Cuando llegó el turno de las preguntas, su condición empeoró. No podía ni esbozar una respuesta vaga. La mente se le había quedado en blanco. ¿Cómo era posible si se trataba del tema que había investigado durante tres años? ¡Se lo sabía de memoria! Comenzó a hiperventilarse y el jurado suspendió la sesión.

Más tarde, cuando fue atendido por un médico, este le explicó que los nervios le ocasionaron un pico de cortisol que bloqueó su hipocampo y afectó su memoria. La presión, angustia y soledad de estos últimos meses había sido demasiado. En la universidad, le otorgaron una extensión de tres meses para volver a sustentar y le aconsejaron que regresara a casa e iniciara un proceso terapéutico para gestionar sus emociones. Julián aceptó.

DESBLOQUEA TU ESTRÉS: CORTISOL

Tu especialista de cabecera dice

ROBERT SAPOLSKY

Nació en Estados Unidos, es doctor en Neuroendocrinología y profesor de Ciencias Biológicas y Neurología en la Universidad de Stanford. Su carrera como investigador científico lo ha llevado a escribir siete libros sobre neurociencia. Señala sobre el cortisol:

CUANDO LAS ALERTAS SE DISPARAN

« Lo que el estrés significa para el 99% de los animales de este planeta es tres minutos de terror en la sabana. ¿Qué hacemos nosotros? Activamos una respuesta al estrés idéntica que esa, pero por una hipoteca de 30 años. Ahí es cuando se empieza a generar el desgaste y deterioro en nuestro sistema ».

DESBLOQUEA TU ESTRÉS: CORTISOL

ANA ASENSIO

Es doctora en Neurociencia por la Universidad Complutense de Madrid, psicóloga general sanitaria, neuropsicóloga y psicoterapeuta Gestalt con más de veinte años de experiencia. En su libro *Neurofelicidad*, dice:

CUANDO LAS ALERTAS SE DISPARAN

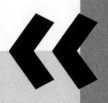

«La queja como estilo de vida nos intoxica de cortisol, nos hace creer que el mundo es peligroso, y nuestro cerebro responde para salvarnos de lo que percibe como un león que nos va a comer. Cambia la queja en tu vida, hazla breve, solo para desahogarte, y pon más recuerdos bellos y escenas que sean agradables».

CAPÍTULO

4

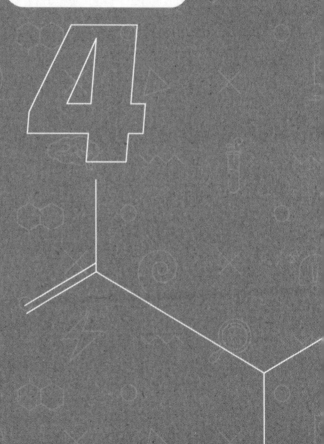

EQUILIBRIO
Y
bienestar

Cortisol en balance

Ya sabemos que dejar de producir cortisol es imposible, además de contraproducente, pues lo necesitamos para el correcto funcionamiento del cuerpo. En consecuencia, nuestro objetivo debe ser mantener en equilibrio los niveles de esta hormona.

Existen dos caminos para lograrlo. Uno es llevar un estilo de vida que no favorezca la producción excesiva y permanente de cortisol. La otra es adoptar hábitos que estimulen la producción de hormonas y neurotransmisores positivos para compensar la producción de cortisol y lograr un balance. Es decir, debemos tratar de que nuestro cuerpo segregue más serotonina, dopamina, oxitocina y endorfinas.

Cualquiera de los dos caminos conduce a lo mismo: evitar el estrés crónico que desestabiliza los niveles de cortisol en nuestro cuerpo.

Evita las soluciones mágicas

Cuando uno se siente muy estresado, es fácil pensar en soluciones comunes como viajar, ir de compras o al cine, salir a comer o redecorar la casa. Pese a que cualquiera de estas actividades nos distraerá y brindará una sensación de bienestar, lo cierto es que esta será pasajera. Al poco tiempo, volveremos a la misma situación de antes porque no hemos atacado los hábitos que nos producen el estrés crónico.

Cuestión de perspectiva

El cerebro es incapaz de distinguir entre lo que pensamos y lo que nos sucede en el mundo físico. Por eso, educar los pensamientos resulta fundamental para lidiar con el estrés y la ansiedad.

- Si nos quejamos constantemente, nuestro cuerpo se intoxica de cortisol.
- Cuidemos nuestra voz interior y cómo nos hablamos a nosotros mismos.
- Enfoquémonos en lo positivo buscando razones por las cuales estar agradecidos.

Una lloradita y a seguir

Llorar nos puede ayudar a eliminar el cortisol: está comprobado. En los años ochenta, el investigador William Frey descubrió que en las lágrimas derramadas por angustia o tristeza existían niveles elevados de cortisol. Por este motivo, tras haber llorado, es común que te sientas aliviado.

Además, cuando lloramos, los movimientos musculares alrededor del diafragma promueven la liberación de endorfinas y aumentan nuestros niveles de oxitocina. El llanto actúa como un liberador de tensiones y nos ayuda a equilibrarnos.

¿Y cuando no se puede?

Existen fuentes de estrés que son inevitables por más esfuerzos que uno haga. La enfermedad, la muerte y los problemas económicos —por nombrar algunos ejemplos— son circunstancias que no quisiéramos confrontar jamás, pero suceden. En esos casos, aunque es difícil, corresponde practicar la aceptación y dejar de intentar controlar situaciones que están fuera de nuestras manos.

EQUILIBRIO Y BIENESTAR

La clave está en la gestión

Existen mil y una formas de trabajar en la gestión del estrés. Te compartimos cuatro acciones que puedes implementar de manera inmediata.

Acción 1: ponte en movimiento

Una de las maneras más efectivas para combatir el estrés y la ansiedad es realizar actividad física con regularidad. El objetivo es encontrar alguna que nos cautive y que podamos sostener en el tiempo.

Caminar, nadar, hacer deportes en equipo, practicar yoga, *stretching* o zumba son excelentes alternativas. La frecuencia mínima recomendable es tres veces por semana con una intensidad suave o intermedia. No obstante, la actividad física muy exigente o extrema puede acarrear el efecto contrario, debido a que el cuerpo la interpreta como una amenaza y aumenta el cortisol.

Acción 2: exprésate

Es imprescindible no guardarnos lo que nos sucede. No importa si es compartiéndolo con otro o escribiéndolo: el hecho de poner en palabras nuestras emociones, temores, expectativas e ilusiones nos facilita gestionarlas mejor. Puedes usar las siguientes estrategias:

- El poder del *journaling*

Dedica diez minutos al día a explorar tu mundo interior y escribir. ¿No sabes por dónde empezar? Puedes probar haciéndote algunas preguntas: ¿cómo me siento hoy?, ¿qué actitud quiero mantener a lo largo del día?, ¿qué me está causando estrés?, ¿qué he hecho hoy para cuidarme? o ¿por qué me siento agradecido?

- Hablar y compartir con los demás

Al sentirnos escuchados activamente, segregamos endorfinas. Cultiva espacios para compartir y platicar con amigos. También puedes unirte a grupos de personas que tengan tus mismos intereses o, ¿por qué no?, explorar el acompañamiento terapéutico.

EQUILIBRIO Y BIENESTAR

Acción 3: medita

La meditación es una herramienta poderosa para calmar el sistema nervioso. Nos permite bajarle las revoluciones a la vida moderna, centrarnos en el ahora y poner los pensamientos invasivos a un lado.

Las opciones de meditación son infinitas. Estas son algunas propuestas:

- Ejercicios de respiración: métodos como la respiración diafragmática o el método 4-7-8 (4 segundos de inspiración, 7 segundos de pausa y 8 segundos de exhalación) son útiles para aminorar el estrés y la ansiedad.
- Aplicaciones de meditación: herramientas como Headspace, Calm o Insight Timer ofrecen meditaciones guiadas de distintas duraciones y enfoques.
- Meditaciones en plataformas de *streaming*: en YouTube o Spotify es posible experimentar diferentes tipos de meditación, desde el *body scan* hasta meditaciones para dormir o concentrarse.
- Técnica 5-4-3-2-1: es un ejercicio de *mindfulness* que ayuda a reducir la ansiedad al reconectarse con el presente. Debes pensar en 5 cosas que puedes ver, 4 que puedes tocar, 3 que puedes escuchar, 2 que puedes oler y 1 que puedes saborear.

DESBLOQUEA TU ESTRÉS: CORTISOL

Acción 4: identifica tu historial del estrés

Este método, creado por el investigador David JP Phillips, nos deja ver las fuentes de estrés desde una mirada simplificada que ayuda a priorizarlas y abordarlas.

- Paso 1: escribe todas tus fuentes de estrés.
- Paso 2: clasifícalas en tres categorías.

Por ejemplo:

Se puede eliminar	Se puede resolver	No lo sé
Notificaciones del celular	Mala higiene del sueño	Preocupación por un familiar enfermo
Lazos con personas que te hacen sentir mal	Desacuerdos con tu pareja (puedes practicar la aceptación)	Angustia por el clima político de tu país
Compromisos demasiado seguidos	Metas muy ambiciosas (puedes dividirlas en objetivos más pequeños)	Miedo al conflicto

102

Las dos primeras categorías se pueden abordar con mayor claridad. La categoría «No lo sé» es más compleja, pues se requiere de un extra de información, tiempo o incluso aceptación de la incertidumbre. En su libro *Las 6 hormonas que van a revolucionar tu vida*, Phillips resalta que «por raro e improbable que suene esto, el 99% de los problemas tienen solución, ya sea en el sentido habitual del término o cambiando tu perspectiva al respecto hasta el punto de que deje de serlo». Intenta preocuparte por lo que puedes resolver y busca liberar la preocupación por aquellas situaciones que no puedes cambiar.

Este ejercicio te ayudará a visualizar en qué debes preocuparte y en qué no. ¡Tú decides!

DESBLOQUEA TU ESTRÉS: CORTISOL

Cómo mantener a raya el cortisol

Mantener en equilibrio nuestro cortisol no es tan difícil como puede pensarse. En general, el balance de la química de la felicidad está basado en hábitos saludables y un estilo de vida sano, positivo y relajado. De cualquier manera, siempre es ideal seguir algunos pasos básicos como los que te mostramos a continuación:

CELULAR SALUDABLE

Sin duda, el teléfono se ha convertido en una herramienta invaluable, pero cuando abusamos de su uso no descansamos y nos mantenemos alertas. A largo plazo, esto nos enciende el cortisol y no nos relajamos. Por este motivo, es recomendable silenciar las notificaciones fuera del espacio laboral, organizar tiempos para revisar el celular, fijarse una hora de *check out* digital del trabajo para dejar de revisar correos o mensajes y depurar redes sociales de cuentas negativas y tóxicas.

EQUILIBRIO Y BIENESTAR

2
LISTA DE COMPRAS
Una buena alimentación es la base de una vida sana.
Los alimentos que benefician la disminución del cortisol son:

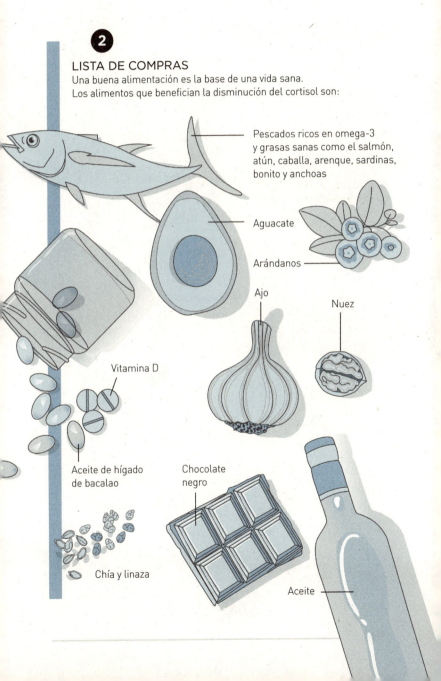

- Pescados ricos en omega-3 y grasas sanas como el salmón, atún, caballa, arenque, sardinas, bonito y anchoas
- Aguacate
- Arándanos
- Ajo
- Nuez
- Vitamina D
- Aceite de hígado de bacalao
- Chocolate negro
- Chía y linaza
- Aceite

DESBLOQUEA TU ESTRÉS: CORTISOL

❸ NARIZ PODEROSA

Está comprobado que la aromaterapia es capaz de cambiar nuestro estado de ánimo. Puedes utilizar unas gotas de aceite esencial en la almohada o en un difusor.
Los aromas para reducir el cortisol son: bergamota, lavanda, manzanilla, geranio, sándalo, rosa y naranja.

❹ RAYITOS DE SOL

Démosle un empujón a nuestro ritmo circadiano. Veinte minutos de exposición a la luz solar a primera hora harán la tarea; al combinarlo con una caminata al aire libre, se multiplican los beneficios.

EQUILIBRIO Y BIENESTAR

5

MÚSICA

La música impacta en nuestro estado de ánimo; al escucharla, se segrega dopamina; al cantar y bailar, oxitocina. Crear *playlists* para distintas necesidades es una estupenda idea. Para relajarte, no uses la música de fondo, escúchala con conciencia; para animarte, recurre a tus canciones favoritas al despertarte, camino al trabajo, al limpiar la casa o en un momento de bajón emocional; y para concentrarte, escucha géneros como *lofi hip-hop* y *chillhop*, pues promueven la concentración sin caer en la sobreestimulación.

DESBLOQUEA TU ESTRÉS: CORTISOL

6
DULCES SUEÑOS
Dormir bien siempre es la clave de todo.
Para que tengas un sueño reparador,
lo recomendable es tener un horario
consistente para acostarte y levantarte,
y que evites mirar pantallas al menos 1 o 2
horas antes de acostarte, ya que la luz azul
del teléfono por la noche puede mantener
elevados nuestros niveles de cortisol.
Además, evita consumir contenido
que te agobie o moleste antes de dormir,
y mantén tu habitación a oscuras.

EQUILIBRIO Y BIENESTAR

EN EL TRABAJO

Muchas veces el trabajo activa el cortisol sin que nos demos cuenta. Poco a poco, el estrés de baja intensidad se transforma en un problema más grande, pero que podemos prevenir si nos fijamos metas realizables.
Por ejemplo, desechar el *multitasking* y abrazar la monotarea, poner límites y, lo más importante, no saltarse el almuerzo ni comerlo en el escritorio. Tener pausas entre tareas nos ayudará a despejar la mente.

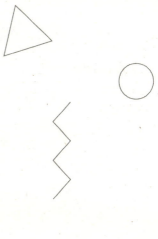

DESBLOQUEA TU ESTRÉS: CORTISOL

Test: Experto en cortisol

on a prueba tu conocimiento sobre el cortisol y su importancia para nuestro bienestar.

1.
¿Qué es el cortisol?

- a. Un neurotransmisor que controla el ciclo del sueño.
- b. Una hormona que responde al estrés.
- c. Una sustancia que ayuda en la digestión.

2.
¿En qué parte del cuerpo se produce el cortisol?

- a. Las glándulas suprarrenales.
- b. La glándula pituitaria.
- c. El hipotálamo.

110

EQUILIBRIO Y BIENESTAR

3. En circunstancias normales, ¿en qué momento del día se experimenta un pico de cortisol?	a. Por la mañana.
	b. Al mediodía.
	c. Durante la noche.

4. ¿Cuál es una de las funciones principales del cortisol?	a. Bajar la presión arterial.
	b. Potenciar el sistema digestivo.
	c. Preparar al cuerpo frente a una amenaza.

5. ¿Qué efectos tiene el cortisol en cantidades adecuadas?	a. Favorece la concentración y la claridad mental.
	b. Disminuye la presión ocular.
	c. Propicia la relajación y el buen ánimo.

DESBLOQUEA TU ESTRÉS: CORTISOL

6.
¿Qué situaciones pueden elevar el nivel de cortisol en el cuerpo?

a. Dormir siete u ocho horas por día.

b. Seguir una dieta balanceada.

c. No gestionar adecuadamente el estrés.

7.
¿Cuál de estos es un síntoma de un cortisol elevado?

a. Sensación de tranquilidad.

b. Pérdida de apetito.

c. Buena calidad de sueño.

8.
¿Qué comportamiento eleva el cortisol?

a. Rodearse de personas positivas.

b. Consumir contenido violento en redes sociales.

c. Silenciar las notificaciones del celular.

9.
¿Cuál de estos factores puede disminuir naturalmente los niveles de cortisol?

a. Ayunar para controlar los picos de glucosa en sangre.

b. Tomar siestas de 45 minutos.

c. La exposición a la luz solar por las mañanas.

10.
¿Qué acción es positiva para el balance del cortisol?

a. Practicar deporte extremo y exigente.

b. Meditación y deporte moderado.

c. Consumir cafeína al despertar.

Has llegado al final. Esperamos que este test te haya ayudado a analizar tu día a día. ¿Listo para ver los resultados?

DESBLOQUEA TU ESTRÉS: CORTISOL

Respuestas:

1 → B
2 → A
3 → A
4 → C
5 → A
6 → C
7 → B
8 → B
9 → C
10 → B

Puntuación:

RESPUESTAS CORRECTAS
↓
8-10

EXPERTO

Tienes muy claro cómo funciona esta hormona y cuál es su relevancia para nuestra salud. ¡Felicitaciones!

EQUILIBRIO Y BIENESTAR

RESPUESTAS CORRECTAS
↓

DE BASES SÓLIDAS

Tienes una buena base de conocimiento sobre el cortisol, pero podrías potenciar más tu bienestar si te informas un poco mejor.

RESPUESTAS CORRECTAS
↓

PRINCIPIANTE

Todavía te falta afianzar tu conocimiento sobre el cortisol y cómo influye en el cuerpo humano. Aprenderás a cuidar tu salud y gestionar el estrés.

DESBLOQUEA TU ESTRÉS: CORTISOL

Tu especialista de cabecera dice

WENDY SUZUKI

Es neurocientífica y profesora de Psicología y Neurociencia en el Center for Neural Science de la Universidad de Nueva York. Lleva más de tres décadas investigando acerca de la plasticidad cerebral. Ella dice:

EQUILIBRIO Y BIENESTAR

La actividad física tiene efectos inmediatos en el funcionamiento del cerebro. Hay una mejora inmediata del estado de ánimo, porque estás estimulando de manera directa los neurotransmisores positivos: serotonina, dopamina, noradrenalina y endorfinas. Pero eso no es todo, también estás mejorando la actividad de tu corteza prefrontal: tu capacidad de manejar y centrar tu atención es objetivamente mejor tras una sola sesión de entrenamiento

ROBERT WALDINGER

Es psiquiatra, psicoanalista y director del Estudio de Desarrollo de Adultos de la Escuela de Medicina de Harvard. Esta investigación tomó más de ochenta años y es la más larga jamás realizada sobre felicidad y bienestar en la vida de las personas. Él explica:

EQUILIBRIO Y BIENESTAR

«Cuando te pasa algo malo, te vas a casa y hablas con una amiga... Yo voy a casa, se lo cuento a mi mujer y enseguida noto que mi cuerpo se relaja. Y eso es lo que debería pasar. Creemos que lo que le pasa a la gente solitaria, a la gente aislada, es que nunca vuelve al equilibrio, al punto de partida, sino que permanecen en un estado basal de "lucha o huida" constante. Por eso tienen mayores niveles de hormonas del estrés, de inflamaciones crónicas, y eso acaba destrozando los sistemas corporales con el tiempo».

Créer

PARA

crear

Doce pasos hacia la química de la felicidad

Hemos hablado muchísimo sobre cómo influyen las hormonas y los neurotransmisores en nuestro organismo y estado de ánimo. También de cómo su equilibrio nos pone —o no— en un estado pleno, de calma, relajación o felicidad. Por tal motivo, hemos preparado una lista de pasos para que los tengas en cuenta y los apliques en tu día a día para lograr el balance entre estos químicos indispensables del cuerpo que son tus grandes aliados para alcanzar una sensación de plenitud y bienestar.

1

RÍE

↓

Busca a tu pareja, amigos, familia, vecinos y comparte risas, anécdotas y momentos agradables. La risa aumenta el consumo de energía y la frecuencia cardiaca en aproximadamente 10 y 20%. Se estima que se llegan a quemar entre diez y cuarenta calorías por cada diez minutos de risas.

2

MEDITA
↓

Es la forma más efectiva para reducir la ansiedad y el estrés. También ayuda a liberar las sensaciones negativas y a gestionar mejor las emociones, lo que te llevará a sentir paz y seguridad contigo mismo. Físicamente, contribuirá a disminuir tu presión arterial y te hará dormir mejor.

3 DUERME

4 HAZ EJERCICIO

De siete a nueve horas es lo recomendable para descansar lo suficiente. El sueño ayudará a tu cerebro a recuperarse del día a día, a desempeñarse mejor, tomar decisiones más acertadas, establecer mejores relaciones con otras personas, etc. Y no solo eso, también te sentirás más optimista.

Es la manera más eficiente en la que sentirás bienestar y felicidad, dado que el cuerpo libera gran cantidad de endorfinas, serotonina y dopamina. Además, la actividad física también disminuirá el estrés porque reduce el cortisol, te vuelve más sociable, aumenta tu sentido del orden y conecta el cuerpo con la mente.

5

COME SANO

De esta manera, aumentarás los niveles de dopamina en el cuerpo y recibirás los nutrientes necesarios para el correcto funcionamiento del cerebro y el sistema nervioso.

6

CUMPLE OBJETIVOS
↓

El sentimiento de felicidad que se experimenta al alcanzarlos te motivará más, te dará seguridad y confianza en ti mismo. Conseguir algo que realmente deseas es una de las satisfacciones más intensas que existen.

7 ABRAZA

El contacto físico con afecto mejora la autoestima, reduce el estrés, atenúa el estado de ánimo negativo y aminora la percepción de conflicto contigo mismo y con todos los que te rodean. Asimismo, ==contribuye a alejar la ansiedad y te brinda el alivio de sentirte como en un refugio.==

8 Baila

En la soledad de la cocina, acompañado en una gran fiesta o con tu pareja. No solo liberarás dopamina y serotonina, sino que, además, oxigenarás el cerebro. Gracias a eso, se generan nuevas conexiones neuronales.

9 TOMA EL SOL

Es la única forma en la que el cuerpo produce vitamina D. Esto mejora el ánimo, disminuye la presión arterial, fortalece los huesos, músculos e incluso el sistema inmunitario. Eso sí, ten en cuenta que debes hacerlo con moderación y con la protección necesaria.

AYUDA A ALGUIEN

Las buenas acciones traen como recompensa el aumento de la satisfacción en la vida, mejoran el estado de ánimo y bajan los niveles de estrés. Esto te hará sentir valorado, reafirmará tus relaciones interpersonales, fortalecerá tus vínculos y generarás confianza y gratitud.

11

CONECTA CON LA NATURALEZA

↓

En general, salir a pasear por la playa, un bosque, la selva, una duna desierta o por espacios verdes, te volverá más feliz. Los sentidos se estimulan, te llenas de paz, armonía y te conectas más con la vida.

12

AGRADECE

Te permitirá ser más consciente de los aspectos no materiales de la vida. El sentimiento de gratitud está íntimamente relacionado con la satisfacción personal, la salud mental, el optimismo y la autoestima. Asimismo, agradecer te permitirá conocerte mejor y gestionar de manera más adecuada las relaciones sociales.

COMPROMISOS

PARA MI BIENESTAR

En el capítulo 4, hemos explicado cómo mantener el equilibrio. Considerando esa información, sería ideal poner en blanco y negro tus compromisos personales de cara al futuro.

¿Qué quieres hacer de ahora en adelante? ¿Tal vez sonreír más o alimentarte de manera balanceada?

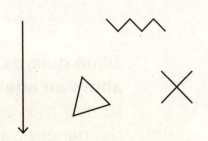

ACCIONES

PARA MI EQUILIBRIO

El camino para mantener nuestros compromisos y lograr nuestros objetivos está hecho de pequeñas acciones cotidianas que marcan la diferencia. La clave está en el cambio: ¿qué modificaciones concretas piensas hacer en tu vida para alcanzar los compromisos que anotaste en la página anterior?

Un gran cambio puede ser acostarte una hora más temprano o meditar diez minutos por las mañanas. **¡La ruta la haces tú!**

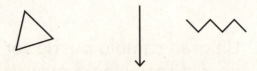

LOS SERES QUE ELEVAN LOS QUÍMICOS

DE MI FELICIDAD

Las relaciones con otras personas son tan importantes para nuestra salud como comer bien o hacer ejercicio. Esos vínculos nos dan contención, apoyo, cariño y seguridad, lo que es vital para nuestro equilibrio emocional. Por eso, es fundamental tener presente quiénes son.

Escribe sus nombres
y añade un agradecimiento
para ellos por estar
en tu vida.

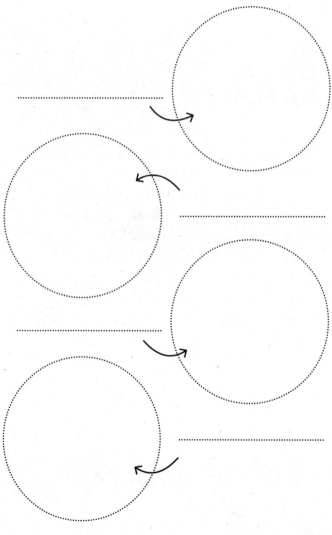

TU ESPECIALISTA DE CABECERA DICE

EL DALÁI LAMA

El líder espiritual del budismo tibetano tiene como una de sus principales misiones animar a las personas de todo el mundo a ser felices. Para lograrlo, trata de ayudarlas a comprender que, si sus mentes están alteradas, la comodidad física por sí sola no les traerá paz, pero si sus mentes están en paz, nada los perturbará. Además, promueve valores como la compasión, el perdón, la tolerancia, la satisfacción y la autodisciplina.